工程测量实训指导书

董庆伟　主　编

黄 河 水 利 出 版 社
·郑　州·

内 容 提 要

本书是依据《工程测量工考核大纲》编写的，是教材《工程测量》的配套用书。本书介绍了常用仪器如水准仪、经纬仪等的操作方法，涉及的内容有水准测量、角度测量、距离测量、导线测量及道路中线、纵横断面测量等，力求将现代测量领域的最新科技成果、技术方法反映出来。

本书紧密结合我国公路工程测量的生产实际，以培养学生的动手能力、分析和解决问题的能力为目标，适合作为高职高专土木工程专业及相关专业的实训教材。

图书在版编目(CIP)数据

工程测量实训指导书/董庆伟主编. —郑州：黄河水利出版社，2013.7

（高职高专工程实训系列丛书）

ISBN 978-7-5509-0467-5

Ⅰ.①工…　Ⅱ.①董…　Ⅲ.①工程测量-高等职业教育-教材　Ⅳ.①TB22

中国版本图书馆 CIP 数据核字(2013)第 090126 号

组稿编辑：王文科　电话：0371-66028027　E-mail：wwk5257@163.com

出 版 社：黄河水利出版社

地址：河南省郑州市顺河路黄委会综合楼 14 层　邮政编码：450003

发行单位：黄河水利出版社

发行部电话：0371-66026940、66020550、66028024、66022620（传真）

E-mail：hhslcbs@126.com

承印单位：郑州海华印务有限公司

开本：787 mm×1 092 mm　1/16

印张：6

字数：146 千字　　印数：1—3 000

版次：2013 年 7 月第 1 版　　印次：2013 年 7 月第 1 次印刷

定价：15.50 元

前　言

工程实训是道桥、建筑等专业的主干实践课程。近年来，工程建设领域科学技术的快速发展，使得工程实训也进入了突飞猛进的发展阶段。许多实训的检测标准、规范，特别是新出的实训标准，都发生了一定程度的变化。为了使学生的学习内容贴近生产实际，体现高等职业教育的特点和优势，满足新技术、新工艺、新规范的要求，我们编写了本套实训教材。本套教材在介绍日益变得先进的传统实训方法的同时，还介绍了当前具有广泛应用价值和前景的新的实训方法。在编写中，力求做到理论联系实际，注重科学性、实用性和针对性，采用了国家和相关部委发布的最新标准规范，如《公路工程岩石试验规程》（JTG E41—2005）、《公路工程集料试验规程》（JTG E42—2005）、《公路工程水泥及水泥混凝土试验规程》（JTG E30—2005）、《公路沥青路面施工技术规范》（JTG F40—2004）、《公路水泥混凝土路面施工技术规范》（JTG F30—2003）、《混凝土结构工程施工质量验收规范》（GB 50204—2002）、《普通混凝土配合比设计规程》（JGJ 55—2011）、《公路工程沥青及沥青混合料试验规程》（JTJ 052—2000）等。

本套教材具有以下特点：

（1）贯彻了国家和相关部委发布的最新的行业标准规范，保证了实效性，使教学与实际紧密结合。

（2）为突出高等职业教育的特点，本套实训教材的编写班子以双师型教师为主，并吸收了部分企业的技术人员参加教材的编、审工作，使教材更贴近实际，更能反映工程建设中最新的技术、工艺和方法。

（3）不追求内容的系统性和完整性，以够用、实用为原则，以实际操作为主。强化了实践教学，重点培养学生的动手能力和思维方法。

（4）以学生好学、教师上课方便为宗旨，将教学改革成果引入到教材中，力争为一线教师提供较全面的、立体化的教材。

（5）在教材内容的选取上，以三年制教学为主，也充分考虑了两年制教学的要求，可供三年制和两年制教学使用。

本套教材由郑州交通职业学院组织编写，具体编写人员如下：范兵、韩娟、王志洁、董庆伟、王一文、梁胜军。

由于我国工程实训方法快速发展，新方法、新工艺不断出现，且由于编写时间仓促，编者的水平有限，不妥与疏漏之处在所难免，恳请读者批评指正。

编　者

2013 年 2 月

前言

目　录

第一篇　工程测量实训规章制度

高职学院培养的是高素质技能型人才。实施工程测量集中实训是为了更好地落实工学结合的高职教育理念,即学习的是工作,在工作中学习。工程测量集中实训是以典型的工作任务为导向,在具体的仿真工作情境中学习"如何工作"。测量实训以测量小组的形式进行,由一个教师团队共同对测量小组负责,使学生在贴近工作实践的学习情境中学习,与工作有直接联系。要求学生在实训期间遵守如下工程测量规章制度。

一、工程测量实训要求

在系领导指导下,组成地形测量实习队。领导小组由系领导和指导教师组成,班委会和团支部干部配合做好有关工作。

全班同学按每6~8人一个组,在实训的时间里,每人轮换进行实训工作的组织实施与对外联络。

(1)参加实训的学生必须服从统一安排和统一指挥,严格遵守实训期间的各项规定。加强组织性和纪律性,工作过程中不乱说、不打闹;搞好组内和组间的团结协作。

(2)旅途上下车必须按规定集合,注意人身安全,未经指导教师允许,不准独自行动。

(3)实训期间必须服从指导教师的工作分配,谦虚谨慎,不怕苦,不怕累,培养吃苦耐劳的精神,增强劳动观和责任感,加强团队协作锻炼。

(4)实训期间有病、事必须向指导教师请假,未经允许旷课超过规定者,实训成绩按不及格处理。

(5)按时完成实训大纲规定的实训项目,写好实训日记,按时交实训作业、实训报告并参加考核。

(6)严格遵守学生手册中有关规定;树立严肃认真的工作态度。严守就寝纪律,不得晚归宿或不归宿,注意作息时间,不得有吵闹、大声说话等影响他人休息的行为。

(7)要爱护室内的一切设施,不准乱拆、乱搬、乱拿,损坏公物要赔偿。

(8)保持室内外整洁。室内所有用品摆放整齐,被子按要求折叠,不准乱扔垃圾、乱泼水。

(9)做好安全防范工作,贵重物品自己要妥善保管好,防止丢失。

(10)注意自身的学生形象,穿着大方得体,不说脏话,自尊自爱;有问题找指导教师沟通解决,不准与工作人员发生冲突,否则严肃处理。

(11)严禁吸烟、喝酒、赌博、上网、游泳、打架斗殴,违者严肃处理;严禁因谈恋爱而影响实训。

(12)实训期间严禁违规操作,不准打闹,注意安全;妥善保管好测量仪器设备,如有损坏丢失者,照价赔偿。

(13)在实训之前,必须复习教材中的有关内容,认真仔细地预习本书,以明确目的,了解任务，熟悉实训步骤或实训过程，注意有关事项，并准备好需要的文具用品。

(14)实训分小组进行，组长负责组织协调工作，办理所用仪器的借领和归还手续。

(15)必须遵守本书列出的“测量仪器工具的借领与使用规则”和“测量记录与计算规则”。对所领仪器和工具应精心照料、分工负责。违章操作和保管不当造成损坏或遗失的，按实验室制度由个人和小组负责赔偿。

必须认真参加所有实训阶段的工作，出测和收测时要步调一致，不得无故缺席。不得相互代替工作，一经发现按作弊处理。

(16)服从教师指导，严格按照测量要求认真、按时、独立地完成任务，每项实训都应取得合格的成果，提交书写工整、规范的实训报告或实训记录，经指导教师审阅同意后，才可结束工作。

(17)在实训过程中，应遵守纪律，爱护现场的花草、树木和农作物，爱护周围的各种公共设施，任意砍折、踩踏或损坏应予赔偿。

在外作业时，来往车辆和行人较多，应注意仪器和人身安全。遇到特殊情况时，应及时由组长向领导小组成员汇报。

二、测量仪器工具的借领与使用规则

对测量仪器工具的正确使用、精心爱护和科学保养，是测量人员必须具备的素质和应该掌握的技能，也是保证测量成果质量、提高测量工作效率和延长仪器工具使用寿命的必要条件。在仪器工具的借领与使用中，必须严格遵守下列规定。

(一)仪器工具的借领

(1)实训时到仪器室办理借领手续，以小组为单位领取仪器工具。

(2)借领时应该当场清点，检查实物与清单是否相符，仪器工具及其附件是否齐全，背带及提手是否牢固，脚架是否完好等，如有缺损，及时补领或更换。

(3)离开借领地点之前，必须锁好仪器并捆扎好各种工具，搬迁仪器工具时，必须轻取轻放，避免剧烈震动。

(4)借出仪器工具后，不得与其他小组擅自调换或转借。

(5)实训结束后，应及时收装仪器工具，送还借领处检查验收，办理归还手续。如有遗失或损坏，应写出书面报告说明情况，并按有关规定给予赔偿。

(二)仪器的安置

(1)在三脚架安置稳妥之后，方可打开仪器箱，开箱前应将仪器箱放在平稳处，托在手上或抱在怀里。

(2)打开仪器箱之后，要看清并记住仪器在箱中的安放位置，避免以后装箱困难。

(3)提取仪器之前，应先松开制动螺旋，用双手握住支架或基座，轻轻取出仪器放在三脚架上，保持一手握住仪器，一手拧连接螺旋，最后旋紧连接螺旋，使仪器与三脚架连接稳固。

(4)装好仪器之前，注意随即关闭箱盖，防止灰尘和湿气进入箱内。

(三)仪器的使用

(1)仪器安置之后，无论是否操作，必须有人看护，防止无关人员搬弄或行人、车辆碰撞。

(2)在打开物镜时或在观测过程中，如发现灰尘，可用镜头纸或软毛刷拂去，严禁用手纸或手帕等物品擦拭镜头，以免损坏镜头上的镀膜。观测结束后应及时套好镜盖。

(3)转动仪器时，应先松开制动螺旋，两手平稳转动，使用微动螺旋时，应先旋紧制动螺旋。

(4)制动螺旋应旋紧适度，微动螺旋和脚螺旋不能旋到顶端，使用各种螺旋都应均匀用力，以免损伤螺纹。

(5)在野外使用仪器时，应该撑伞，严防日晒雨淋。

(6)在仪器发生故障时，应及时向指导教师报告，不得擅自处理。

(四)仪器的搬迁

(1)在行走不便的地区迁站或远距离迁站时，必须将仪器装箱之后再搬迁。

(2)短距离迁站时，可将仪器连同三脚架一起搬迁，其方法是：检查并旋紧仪器连接螺旋，松开各制动螺旋使仪器保持初始位置(经纬仪望远镜物镜对向度盘中心，水准仪的水准器向上)，并拢三脚架，左手握住仪器基座或支架放在胸前，右手抱住三脚架放在肋下，稳步行走，严禁斜扛仪器，以防碰撞。

(3)搬迁时，小组其他人员应协助观测人员带走仪器箱和相关工具。

(五)仪器的装箱

(1)每次使用仪器之后，应及时清除仪器上的灰尘及三脚架上的泥土。

(2)仪器拆卸前，应先将仪器脚螺旋调至适中位置，一手扶住仪器，一手旋开连接螺旋，双手取下仪器。

(3)仪器装箱时，应打开各制动螺旋，使仪器就位正确或关箱盖确认放妥后，再关箱上锁。若合不上箱盖，一定不可强压箱盖，以防压坏仪器。

(4)清点所有附件和工具，防止遗失。

(六)测量工具的使用

(1)钢尺的使用：应防止扭曲、打结和折断，防止行人踩踏或车辆碾压，尽量避免尺身着水。携尺前进时，应将尺身抬起，不得沿地面拖行，以防损坏刻划。钢尺用完后应擦净、涂油，以防生锈。

(2)各种标尺、花杆的使用：应注意防水、防潮、防止受横向压力，不能磨损尺面刻划的漆皮，不用时安放稳妥。塔尺的使用，应注意接口处的正确连接，用后及时收尺。

(3)测图板的使用：应注意保护板面，不得乱画乱挂，不能施以重压。

(4)小件工具的使用：如垂球、测钎、尺垫等，应用完即收，防止遗失。

(5)一切测量工具都应保持清洁，专人保管搬运，不能随意放置，更不能作为捆扎、抬、担等他用工具。

三、测量记录与计算规则

测量记录是外业观测成果的记载和内业数据处理的依据。在测量记录或计算时必须严肃认真，一丝不苟，严格遵守下列规则：

(1)在测量记录之前，准备好硬芯(2H或3H)铅笔，同时熟悉记录表上的各项内容及填写、计算方法。

(2)记录观测数据之前，应将记录表头的仪器型号、日期、天气、观测者及记录者姓名等无一遗漏地填写齐全。

(3)观测者读数后,记录者随即在测量记录表上的相应栏内填写,并复诵回报,以资检核。不得另纸记录事后转抄。

(4)要求字体端正清晰,数位对齐,数字对齐,字体的大小一般占格宽的1/3～1/2,字脚靠近底线。表示精度的或占位的"0"(例如:水准尺的读数1.500或0.234)均不可省略。

(5)观测数据的尾数不得更改,读错或记错后必须重测重记。例如:角度测量时,秒级数字出错,应重测该测回;水准测量时,毫米级数字出错,应重测该测站;钢尺量距时,毫米级数字出错,应重测该尺段。

(6)观测数据的前几位若出错,应用细横线划去错误的数字,并在原数字的上方写出正确的数字。注意不得涂擦已记录的数据。禁止更换数字。例如:水准测量中的黑、红面读数,角度测量中的盘左、盘右读数,距离丈量中的往、返测量数据等,均不能同时更改,否则重测。

(7)记录数据修改后或观测成果废弃后,都应在备注栏内写明原因(如测错、记错或超限等)。

(8)观测结束后,必须在现场完成规定的计算和检核,确认无误后方可迁站。

(9)数据运算应根据所取位数,按"4舍6入,5前单进双舍"的规则进行凑整。例如:对1.424 4 m、1.423 6 m、1.423 5 m、1.424 5 m这几个数据取至毫米位,则均应记为1.424 m。

(10)应该保持测量记录的整洁,严禁在记录表上书写无关内容,更不得丢失记录表。

第二篇　测量课间实训指导书

第一部分　测量仪器的基本操作

实训一　水准仪的认识与技术操作

一、目的与要求

(1)对照仪器,了解水准仪的型号、各部件名称和功能。

(2)掌握水准仪基本操作。

(3)练习一站两点高差测定。

二、仪器与工具

(1)由仪器室借领:DS_3 水准仪 1 台、水准尺 2 把、记录簿 1 本。

(2)自备:铅笔。

三、实训方法与步骤

(1)指导教师讲解水准仪的构造及操作方法。

(2)安置和粗平水准仪。

水准仪的安置主要是整平圆水准器,使仪器概略水平。做法是:选好安置位置,将三脚架调整至适当高度。取出仪器,用连接螺旋将其连接在三脚架上(注意基座与三脚架的相对位置)。先踏实两只脚架尖,移动另一只脚架使圆水准器气泡概略居中,然后转动脚螺旋使气泡居中。

转动脚螺旋使气泡居中的操作规律:气泡需要向哪个方向移动,左手就向哪个方向转动脚螺旋。气泡偏离在 a 的位置,首先按箭头所指的方向同时转动脚螺旋①和②(见图 2-1(a)),使气泡移到 b 的位置,再按箭头所指方向转动脚螺旋③(见图 2-1(b)),使气泡居中。

(3)用望远镜照准水准尺,并且消除视差。

首先用望远镜对着明亮的背景,转动目镜对光螺旋,使十字丝清晰可见。然后松开制动螺旋,转动望远镜,利用镜筒上的准星和照门照准水准尺,旋紧制动螺旋。再转动物镜对光螺旋,使尺像清晰。此时如果眼睛上、下晃动,十字丝交点总是指在标尺物像的一个固定位

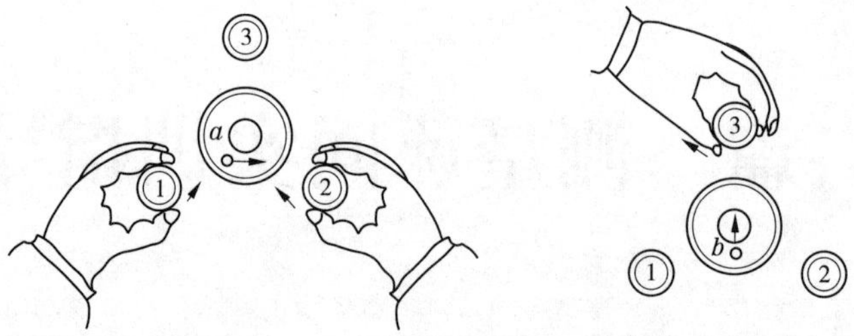

(a)　　　　　　　　　　　　　　(b)

图 2-1　转动脚螺旋使气泡居中

置，即无视差现象。如果眼睛上、下晃动，十字丝横丝在标尺上错动，就是有视差，说明标尺物像没有呈现在十字丝平面上。若有视差，则将影响读数的准确性。消除视差时要仔细进行物镜对光使水准尺看得最清楚，这时如十字丝不清楚或出现重影，再旋转目镜对光螺旋，直至完全消除视差，最后利用微动螺旋使十字丝精确照准水准尺（见图 2-2）。

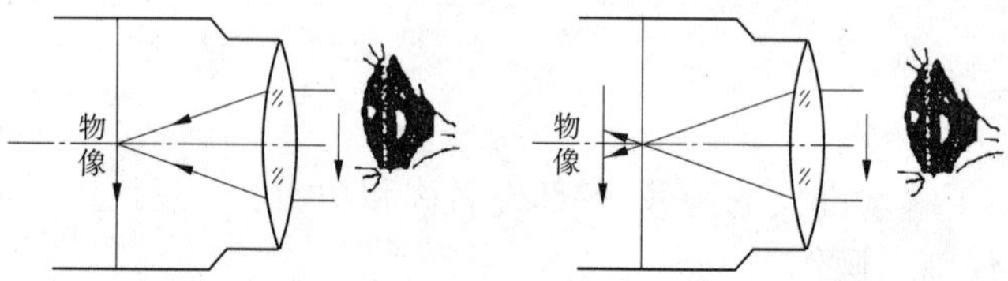

(a)没有视差现象　　　　(b)有视差现象

图 2-2　消除视差

（4）精确整平水准仪。

转动微倾螺旋使管水准器的水准气泡两端的影像符合，如图 2-3 所示。转动微倾螺旋要稳，慢慢地调节，避免气泡上下不停错动。

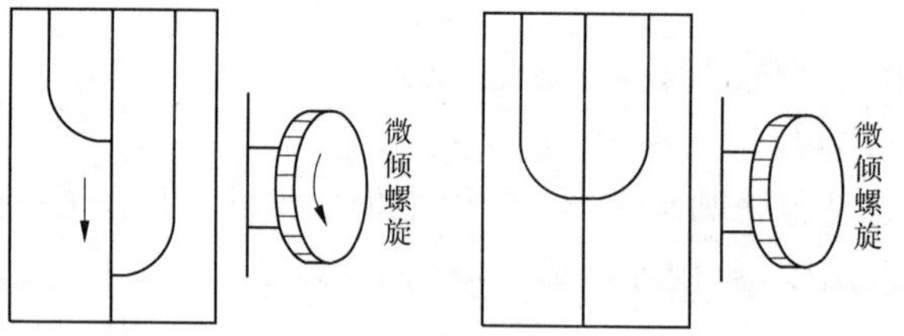

(a)　　　　　　　　　　　　(b)

图 2-3　精确整平水准仪

（5）读数。

以十字丝横丝为准读出水准尺上的数值，读数前，要对水准尺的划分、注记分析清楚，找出最小刻划单位，整分米、整厘米的分划及米数的注记。先估读毫米数，再读出米、分米、厘米数。特别注意：不要错读单位和发生漏 0 现象。读数后，应立即查看气泡是否仍然符合，若不符合，应重新使气泡符合后再读数。

（6）变仪器高法测两点高差。

在相距约 60 m 的 A、B 两点竖立水准尺，在两点间约中间位置处安置仪器。粗平，照准

A，读后视 a。然后照准 B，读前视 b。读数力求精确。两点高差 $h'_{AB}=a-b$。将仪器在原地升高（或降低）约 10 cm，重复上述操作，得高差 h''_{AB}。若较差 $h'_{AB}-h''_{AB}$ 不超过 ±5 mm，则观测合格，否则重测。

四、注意事项

（1）在观测过程中，手切勿按扶在架腿上。

（2）测量时不论用哪只眼睛观测，另一只眼睛尽量不要闭上，更不要用手盖住。

五、上交资料

每人上交实训报告（见表 2-1）一份。

表 2-1　实训报告

日期：　　　　班级：　　　　组别：　　　　姓名：　　　　学号：

实训题目	水准仪的认识与技术操作	成绩	
实训目的			
主要仪器及工具			
1. 在下图引出的标线上标明仪器该部件的名称。 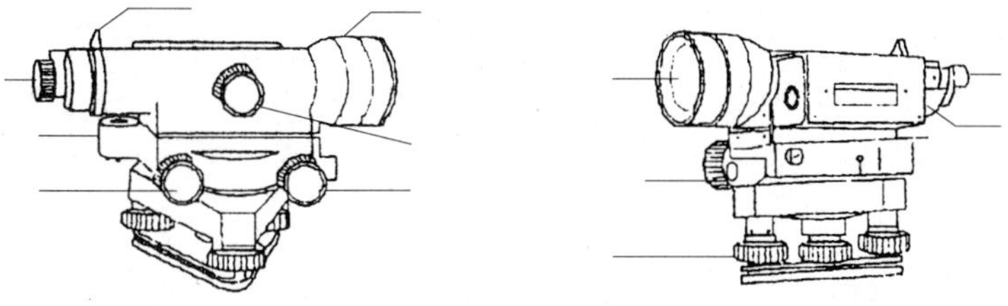			
2. 用箭头表示如何转动三只脚螺旋，使下图所示的圆水准气泡居中。 			

续表 2-1

3. 消除视差的步骤。

4. 用变仪器高法测两点高差。

测点	后视读数(m)	前视读数(m)	高差(m)	备注

5. 实训总结。

实训二　普通水准测量

一、目的与要求

(1)掌握水准仪的技术操作。

(2)掌握普通水准测量的实际作业过程。

(3)施测一条闭合水准路线,进行成果处理,计算其闭合差。

(4)利用观测成果,完成各待定点的高程计算。

二、仪器与工具

(1)由仪器室借领:DS_3 水准仪 1 台、水准尺 2 把、尺垫 2 个。

(2)自备:计算器、铅笔、小刀。

三、实训方法与步骤

(1)全组共同施测一条闭合水准路线,其长度以安置 6 ~ 8 个测站为宜。确定起始点及水准路线的前进方向。人员分工是:2 人扶尺,1 人记录,1 人观测。施测 2 ~ 3 站后轮换工作。

(2)在每一站上,观测者安置好仪器,照准后视尺,调焦、消除视差后精平,读取中丝读数,记录者将数据记入记录表中。转动望远镜,精平后读取前视中丝读数,记入记录表中,然后计算本站高差。

(3)用上述方法依次完成本闭合路线的水准测量。

(4)水准测量记录要特别细心,记录者需对观测者的数据重述一遍,确定无误后再记录,如记错不能用铅笔擦拭,应划掉重写。

(5)观测结束后,立即算出高差闭合差 f_h($f_h = \sum h_i$),如果 $f_h \leqslant f_{h容}$,说明观测成果合格,即可算出各立尺点高程(假定起点高程为 500 m);否则,要进行重测。

四、注意事项

(1)每站前、后视距尽量等距,相差不超过 10 m。

(2)转点和测站应避免设在道路中间,以保证安全。

(3)在坡度较大的地段施测时,前、后视距不宜过长,避免标尺读数过大或过小。

(4)在水准点和各待测高程点上不应放置尺垫,只在转点处放置尺垫,也可选择凸出的坚实地物作转点而不用尺垫。

(5)水准尺应零端朝下竖直扶稳,必须避免水准尺前后倾斜,应保持铅垂状态。

(6)记录读数时,应边记边重述所记数据,以免听错或记错。

(7)迁站时,前视尺不能移动,后视尺必须得到观测者同意后,才能往下站前视点转移。

(8)水准测量工作要求全组人员紧密配合,互谅互让,禁止闹意见。

(9)限差要求:水准路线高差闭合差应在其容许值以内。

五、上交资料

(1)每人上交合格的普通水准测量记录表(见表2-2)一份。

(2)每人上交实训报告(见表2-3)一份。

表2-2　普通水准测量记录表

仪器型号：　　　　　　日期：　　　　　　班级：　　　　　　观测：

工程名称：　　　　　　天气：　　　　　　组别：　　　　　　记录：

点号	后视读数(m)	前视读数(m)	高差(m)		改正数(mm)	改正后高差(m)	高程(m)
			+	−			

工程测量实训指导书草稿纸

表 2-3　实训报告

日期：　　　　班级：　　　　组别：　　　　姓名：　　　　学号：

实训题目	普通水准测量	成绩	
实训目的			
主要仪器及工具			
实训场地布置草图			
实训主要步骤			
实训总结			

工程测量实训指导书草稿纸

实训三　自动安平水准仪的检验与校正

一、目的与要求

(1)了解自动安平水准仪的构造特点和安平原理。

(2)掌握自动安平水准仪的操作方法。

二、仪器与工具

(1)由仪器室借领:自动安平水准仪 1 台、水准尺 1 把、尺垫 1 个。

(2)自备:铅笔、小刀。

三、实训方法与步骤

(1)由指导教师讲解自动安平水准仪的构造、安置和技术操作方法。

(2)将水准仪安置在三脚架上,调节脚螺旋,使圆水准气泡居中。

(3)用望远镜照准水准尺进行对光、调焦,消除视差。

(4)观察十字丝分划板影像,用手轻按补偿器,检验补偿器的工作性能。如果十字丝有摆动且能很快恢复原读数,则说明补偿器的工作性能正常;或者用手轻轻按动目镜下面的按钮机构,观测望远镜内目镜影像是否移动,如果移动,则说明补偿器处于正常工作状态。

(5)进行读数练习。读数方法与 DS_3 水准仪相同。

四、注意事项

(1)在读数前必须检查补偿器。

(2)其他注意事项与 DS_3 水准仪相同。

五、自动安平水准仪补偿器性能的检验

(一)检验原理

自动安平水准仪补偿器的作用是,当视准轴倾斜时(在补偿器允许的范围内),能在十字丝上读得水平视线的读数。检验补偿器性能的一般原理是,有意使仪器的旋转轴安置得不竖直,并测得两点间的高差,使之与正确高差相比较。如果补偿器的补偿性能正常,无论视线上倾或下倾,都可读得水平视线的读数,测得的高差亦是 A、B 两点间的正确高差;如果补偿器的补偿性能不正常,由于前后视的倾斜方向不一致,使倾斜产生的读数误差不能在高差运算中抵消,因此测得的高差与正确的高差有明显的差异。

(二)检验方法

在较平坦的地方选择相距 100 m 左右的 A、B 两点,在 A、B 两点各钉入一木桩,将水准仪置于 A、B 连线的中点,并使①、②两个脚螺旋的连线与 A、B 连线平行,见图 2-4。

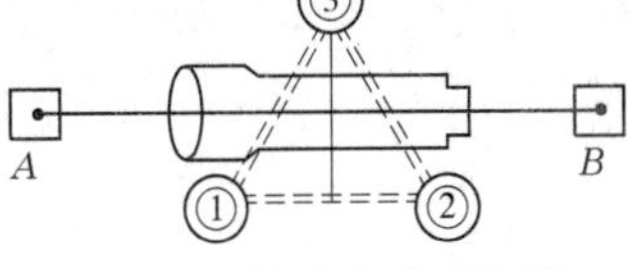

图 2-4　检验方法示意图

(1)用圆水准气泡将仪器置平,测出 A、B 两点间的高

差 h_{AB}，以此作为正确高差。

(2)升高脚螺旋3，使仪器向左(或向右)倾斜，测出 A、B 两点间的高差 $h_{AB左}$。

(3)降低脚螺旋3，使仪器向右(或向左)倾斜，测出 A、B 两点间的高差 $h_{AB右}$。

(4)升高脚螺旋3，使圆水准气泡居中。

(5)升高脚螺旋1，使后视时望远镜向上(或向下)倾斜，测出 A、B 两点间的高差 $h_{AB上}$。

(6)降低脚螺旋1，使后视时望远镜向下(或向上)倾斜，测出 A、B 两点间的高差 $h_{AB下}$。

无论向左、右、上、下倾斜，仪器的倾斜角度均由水准气泡位置而定，4 次倾斜的角度相同，一般取补偿器所能补偿的最大角度。

将 $h_{AB左}$、$h_{AB右}$、$h_{AB上}$、$h_{AB下}$ 相比较，视其差数确定补偿器的性能。对于普通水准测量，此差数一般应小于5 mm。补偿器的校正可按仪器使用说明书上指明的方法和步骤进行。

六、上交资料

每人上交实训报告(见表2-4)一份。

表2-4　实训报告

日期：　　　　班级：　　　　组别：　　　　姓名：　　　　学号：

实训题目	自动安平水准仪的检验与校正	成绩	
实训目的			
主要仪器及工具			
实训场地布置草图			
实训主要步骤			
实训总结			

工程测量实训指导书草稿纸

实训四　DJ_2 经纬仪的认识与技术操作

一、目的与要求

(1)对照仪器,了解经纬仪的型号,认识 DJ_2 经纬仪的构造及各部件的功能。

(2)熟悉 DJ_2 经纬仪的安置方法及读数方法。

二、仪器与工具

(1)由仪器室借领:DJ_2 经纬仪 1 台、记录板 1 块、测伞 1 把、花杆 2 根。

(2)自备:铅笔、小刀。

三、实训方法与步骤

(一)DJ_2 经纬仪的认识

(1)熟悉各部件的名称及作用。

(2)了解下列各个装置的功能和用途:

①制动螺旋:水平制动和竖直制动——分别用于固定照准部和望远镜。

②微动螺旋:水平制动和竖直制动——用于精确照准目标。

③水准管:照准部水准管——显示水平度盘是否水平;竖盘指标水准管——显示竖盘指标线是否指向正确的位置。

④水平度盘变换手轮:通过该装置,可设置读数窗处于水平位置的影像。

⑤换像手轮:通过该装置,可转换水平度盘或竖直度盘的影像。

(二)DJ_2 经纬仪的安置

DJ_2 经纬仪的安置与 DJ_6 经纬仪相同。

(三)照准目标

与 DJ_6 经纬仪相同。

(四)读数练习

1. 当读数设备是对径分划读数窗时(见图 2-5(a))

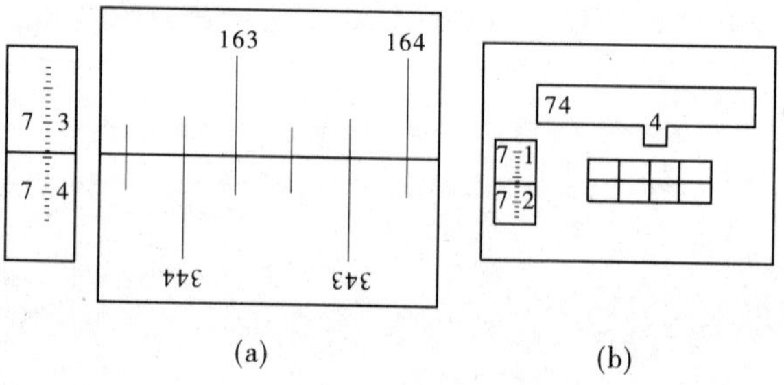

图 2-5　读数练习

(1)将换像手轮置于水平位置,打开反光镜,使读数窗明亮。

(2)转动测微轮使读数窗内分划线上、下对齐。

(3)读出位于左侧或靠中的正像度刻线的度读数(163°)。

(4)读出与正像度刻线相差180°位于右侧或靠中的倒像度刻线之间的格数 n,$n\times10'$即为分读数($2\times10'=20'$)。

(5)读出测微尺指标截取小于10′的分、秒读数(7′34″)。

(6)将上述度、分、秒相加,即得整个度盘读数(163°27′34″)。

2. 当读数设备是数字化读数窗时(见图2-5(b))

(1)将读数窗内分划线上、下对齐。

(2)读取窗口最上边的读数(74°)和中部窗口10′的注记(40′)。

(3)读取测微器上小于10′的数值(7′16″)。

(4)将上述的度、分、秒相加,即得度盘读数(74°47′16″)。

(五)归零

(1)用测微轮将小于10′测微器上的读数调至对准0°00′或略大于0°00′。

(2)打开水平度盘变换手轮的保护盖,用手拨动该手轮,将度和整分调至略大于0°00′,使分划线上、下对齐。

四、注意事项

(1)DJ_2 经纬仪属精密仪器,应避免日晒和雨淋,操作时要做到轻、慢、稳。在实训过程中要及时填写实训报告。

(2)在对中过程中调节圆水准气泡居中时,切勿用脚螺旋调节,而应用脚架调节,以免破坏对中。

(3)整平好仪器后,应检查对中点是否偏移超限。

五、上交资料

每人上交实训报告(见表2-5)一份。

表2-5 实训报告

日期: 班级: 组别: 姓名: 学号:

实训题目	DJ_2 经纬仪的认识与技术操作	成绩	
实训目的			
主要仪器及工具			
1. 在下图引出的标线上标明仪器该部件的名称。 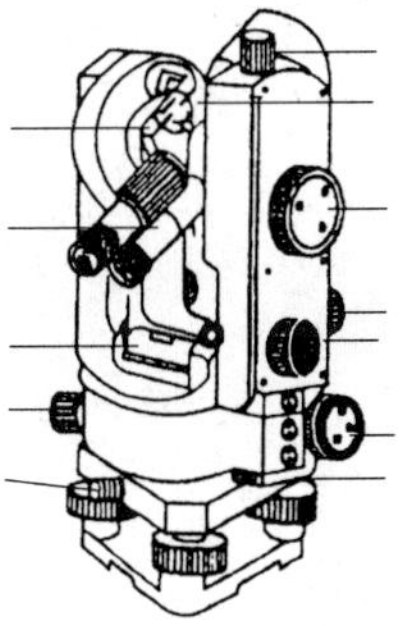 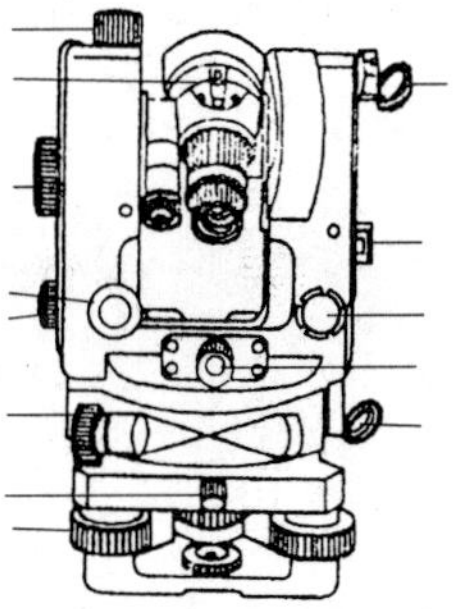			

续表 2-5

2. 绘出所用仪器的读数窗示意图。

3. 将水平度盘读数分别设置为 0°00′00″、90°00′00″、120°08′35″。

4. 观测记录练习。

测站	目标	盘左读数 (°　′　″)	盘右读数 (°　′　″)	备注

5. 实训总结。

工程测量实训指导书草稿纸

实训五　用测回法观测水平角

一、目的与要求

(1)进一步熟悉经纬仪的构造和操作方法。

(2)学会用测回法观测水平角。

二、仪器与工具

(1)由仪器室借领:经纬仪1台、记录板1块、测伞1把。

(2)自备:计算器、铅笔。

三、实训方法与步骤

(1)在一个指定的点上安置经纬仪。

(2)选择两个明显的固定点作为观测目标或用花杆标定两个目标。

(3)用测回法测定水平角值。观测程序如下:

①安置好仪器以后,以盘左位置照准左目标,并读取水平度盘读数。记录者听到读数后,立即回报观测者,经观测者默许后,立即记入记录表中。

②顺时针旋转照准部,照准右目标,读取水平度盘读数,并记入记录表中。

③由①、②两步完成了上半测回的观测,记录者在记录表中要计算出上半测回角值。

④将经纬仪置盘右位置,先照准右目标,读取水平度盘读数,并记入记录表中,其读数与盘左时的同一目标读数大约相差180°。

⑤逆时针转动照准部,再照准左目标,读取水平度盘读数,并记入记录表中。

⑥由④、⑤两步完成了下半测回的观测,记录者再算出其下半测回角值。

至此便完成了一个测回的观测。如上半测回角值和下半测回角值之差没有超限(不超过40′),则取平均值作为一测回的角度观测值,也就是这两个方向之间的水平角。

(4)如果不止观测一个测回,而是要观测 n 个测回,那么在每一测回要重新设置水平度盘起始读数,即对左目标每一测回在盘左观测时,水平度盘应设置成 $180°/n$ 的整倍数来观测。

四、注意事项

(1)在记录前,首先要弄清记录表的填写次序和填写方法。

(2)在每一测回的观测中间,如发现水准管气泡偏离,不能重新整平。本测回观测完毕,下一测回开始前再重新整平仪器。

(3)在照准目标时,要用十字丝竖丝照准目标的明显地方,最好看目标下部,上半测回照准什么部位,下半测回仍照准这个部位。

(4)长条形较大目标需要用十字丝双丝来照准,点目标用单丝平分。

(5)在选择目标时,最好选取不同高度的目标进行观测。

五、上交资料

(1)每人上交合格的水平角观测记录表(见表2-6)一份。

(2)每人上交实训报告(见表2-7)一份。

表2-6　水平角观测记录表

日期：　　　　　班级：　　　　　组别：　　　　　姓名：　　　　　学号：

测站	盘位	目标	水平度盘读数 (° ′ ″)	水平角		备注
				半测回值 (° ′ ″)	一测回值 (° ′ ″)	
	盘左					
	盘右					
	盘左					
	盘右					
	盘左					
	盘右					
	盘左					
	盘右					
	盘左					
	盘右					
$\Delta\beta=\beta_{左}-\beta_{右}=$				$\Delta\beta_{容}=$		
测量人：			记录人：		复核人：	

工程测量实训指导书草稿纸

表 2-7 实训报告

日期： 班级： 组别： 姓名： 学号：

实训题目	用测回法观测水平角	成绩	
实训目的			
主要仪器及工具			
实训场地布置草图			
实训主要步骤			
实训总结			

工程测量实训指导书草稿纸

实训六　竖直角观测

一、目的与要求

（1）学会竖直角的测量方法。

（2）学会竖直角及竖盘指标差的记录、计算方法。

二、仪器与工具

（1）由仪器室借领：DJ_2 经纬仪 1 台、记录板 1 块、测伞 1 把。

（2）自备：计算器、铅笔。

三、实训方法与步骤

（1）在某指定点上安置经纬仪。

（2）在盘左位置时望远镜视线大致水平。竖盘指标读数约为 90°。

（3）将望远镜物镜抬高，如竖盘逐渐向上倾斜时，观察竖盘读数 L 比 90°是增大还是减小，以确定度盘是顺时针还是逆时针注记，以及竖直角和指标差的计算公式。

①当望远镜物镜抬高时，如竖盘读数 L 比 90°逐渐减小，则竖直角 $\alpha_{左}$ 计算公式为

$$\alpha_{左} = 90° - L$$

以盘右位置观测时，竖盘读数为 R，其竖直角 $\alpha_{右}$ 计算公式为

$$\alpha_{右} = R - 270°$$

竖直角
$$\alpha = \frac{1}{2}(\alpha_{左} + \alpha_{右}) = \frac{1}{2}(R - L - 180°)$$

②当望远镜物镜抬高时，如竖盘读数 L 比 90°逐渐增大，则竖直角 $\alpha_{左}$ 计算公式为

$$\alpha_{左} = L - 90°$$

以盘右位置观测时，竖盘读数为 R，其竖直角 $\alpha_{右}$ 计算公式为

$$\alpha_{右} = 270° - R$$

竖直角
$$\alpha = \frac{1}{2}(\alpha_{左} + \alpha_{右}) = \frac{1}{2}(L - R - 180°)$$

③在上述两种情况下，竖盘指标差均为

$$X = \frac{1}{2}(L + R - 360°)$$

（4）用测回法测定竖直角，其观测程序如下：

①安置好经纬仪后，以盘左位置照准目标，转动竖盘指标水准管微动螺旋，使水准管气泡居中或打开竖盘指标自动归零装置使之处于 ON 位置，读取竖直度盘的读数 L。记录者将读数 L 记入竖直角观测记录表中。

②根据竖直角计算公式，在记录表中计算出盘左时的竖直角 $\alpha_{左}$。

③用盘右位置照准目标，按照步骤①，读取竖直度盘的读数 R。记录者将读数 R 记入竖直角观测记录表中。

④根据竖直角计算公式，在记录表中计算出盘右时的竖直角 $\alpha_{右}$。

⑤计算一测回竖直角值和指标差。

四、注意事项

(1)直接读取的竖盘读数并非竖直角，竖直角需计算才能获得。

(2)因竖盘的刻划注记和起始读数不同，计算竖直角的方法也就不同，要通过检测来确定正确的竖直角和指标差计算公式。

(3)以盘左、盘右照准目标时，要用十字丝横丝照准目标同一位置。

(4)在竖盘读数前，务必使竖盘指标水准管气泡居中。

五、上交资料

(1)每人上交合格的竖直角观测记录表(见表2-8)一份。

(2)每人上交实训报告(见表2-9)一份。

表2-8　竖直角观测记录表

日期：　　　　　　班级：　　　　　　组别：　　　　　　姓名：　　　　　　学号：

测站	测点	盘位	竖盘读数 (° ′ ″)	竖直角 (° ′ ″)	指标差 (′ ″)	一测回平均角值 (° ′ ″)	备注
		左					
		右					
		左					
		右					
		左					
		右					
		左					
		右					
		左					
		右					
		左					
		右					
		左					
		右					
		左					
		右					
		左					
		右					
测量人：			记录人：			复核人：	

工程测量实训指导书草稿纸

表 2-9　实训报告

日期：　　　　班级：　　　　组别：　　　　姓名：　　　　学号：

<table>
<tr><td>实训题目</td><td>竖直角测量</td><td>成绩</td><td></td></tr>
<tr><td>实训目的</td><td colspan="3"></td></tr>
<tr><td>主要仪器及工具</td><td colspan="3"></td></tr>
<tr><td>实训场地布置草图</td><td colspan="3"></td></tr>
<tr><td>实训主要步骤</td><td colspan="3"></td></tr>
<tr><td>实训总结</td><td colspan="3"></td></tr>
</table>

工程测量实训指导书草稿纸

实训七 DJ_2 经纬仪的检验与校正

一、目的与要求

(1)熟悉 DJ_2 经纬仪的主要轴线及它们之间所具备的几何关系。

(2)熟悉 DJ_2 经纬仪的检验。

(3)了解 DJ_2 经纬仪的校正方法。

二、仪器与工具

(1)由仪器室借领:DJ_2 经纬仪 1 台、校正针 1 根。

(2)自备:铅笔、小刀。

三、实训方法与步骤

(一)指导教师讲解

指导教师讲解各项检验的过程及操作要领。

(二)照准部水准管轴垂直与仪器竖轴的检验与校正

1. 检验方法

(1)将经纬仪严格整平。

(2)转动照准部,使水准管与 3 个脚螺旋中的任意一对平行,转动脚螺旋使气泡严格居中。

(3)将照准部旋转 180°,此时,如果气泡居中,说明条件能够满足。若气泡偏离中央零点位置,则需进行校正。

2. 校正方法

(1)旋转一对脚螺旋,使气泡向中央零点位置移动偏离格数的一半。

(2)用校正针拨动水准管一端的校正螺丝,使气泡居中。

(3)将仪器严格整平后进行检验,如需校正,仍用步骤(1)、(2)所述方法进行校正。

(4)反复进行数次,直到气泡居中后再转动照准部,若气泡偏离在半格以内,可不再校正。

(三)十字丝竖丝的检验与校正

1. 检验方法

整平仪器后,用十字丝竖丝的最上端照准一明显固定点,固定照准部制动螺旋和望远镜制动螺旋,然后转动望远镜微动螺旋,使望远镜上下移动,如果该固定目标不离开竖丝,说明条件满足,否则需要校正。

2. 校正方法

(1)旋下望远镜目镜端十字丝环护罩,用螺丝刀松开十字丝环的每个固定螺旋。

(2)轻轻转动十字丝环,使竖丝处于竖直位置。

(3)调整完毕后务必拧紧十字丝环的 4 个固定螺旋,上好十字丝环护罩。

（四）视准轴的检验与校正

1. 检验方法

（1）选与视准轴大致处于同一水平线上的一点作为照准目标，安置好仪器后，以盘左位置照准此目标并读取水平度盘读数，作为 $\alpha_{左}$。

（2）以盘右位置照准此目标，读取水平度盘读数，作为 $\alpha_{右}$。

（3）如 $\alpha_{左} = \alpha_{右} \pm 180°$，则条件满足。如果 $\alpha_{左} \neq \alpha_{右} \pm 180°$，则说明视准轴与仪器横轴不垂直，存在视准差，即 $2c$ 误差，应进行校正，$2c$ 误差的计算公式如下：

$$2c = \alpha_{左} - (\alpha_{右} - 180°)$$

2. 校正方法

（1）仪器仍处于盘右位置不动，以盘右位置读数为准，计算两次读数的平均值 α，作为正确读数，即

$$\alpha = [\alpha_{左} + (\alpha_{右} \pm 180°)]/2$$

（2）转动照准部微动螺旋，使水平度盘指标在正确读数 α 上，这时，十字丝交点偏离了原目标。

（3）旋下望远镜目镜端十字丝环护罩，松开十字丝环上、下校正螺丝，拨动十字丝环左右两个校正螺丝（先松左（右）边的校正螺丝，再紧右（左）边的校正螺丝），使十字丝交点回到原目标，即使视准轴与仪器横轴相垂直。

（4）调整完后务必拧紧十字丝环上、下两校正螺丝，上好十字丝环护罩。

（五）横轴的检验与校正

1. 检验方法

（1）将仪器安置在一个清晰的高处目标附近（望远镜仰角为30°左右），视准面与墙面大致垂直，如图 2-6 所示。以盘左位置照准目标 M，拧紧水平制动螺旋后，将望远镜放到水平位置，在墙上标出 m_1 点。

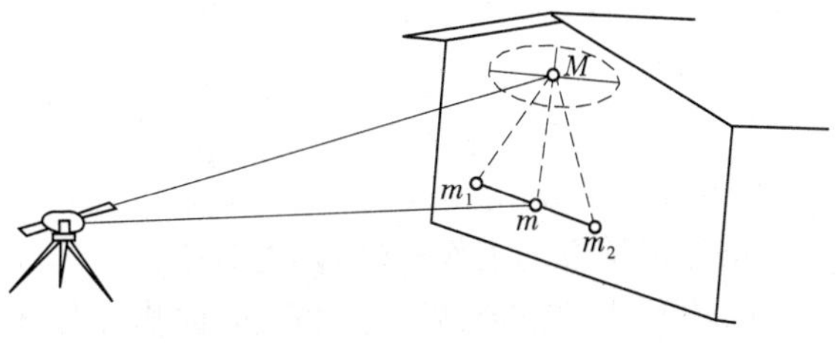

图 2-6　横轴的检验与校正示意图

（2）以盘右位置仍照准目标 M，放平望远镜，在墙上标出 m_2 点。若 m_1 与 m_2 两点重合，说明望远镜横轴垂直于仪器竖轴，否则需校正。

2. 校正方法

（1）由于盘左和盘右两个位置的投影各向不同方向倾斜，而且倾斜的角度是相等的，取 m_1 与 m_2 的中点 m，即是目标 M 的正确投影位置。得到 m 点后，用微动螺旋使望远镜照准 m 点，再仰起望远镜看目标 M，此时十字丝交点将偏离 M 点。

（2）此项校正一般应送仪器组进行。

（六）竖盘指标水准管的检验与校正

1. 检验方法

（1）安置仪器后，以盘左位置照准某一高处目标（仰角大于 30°），用竖盘指标水准管微动螺旋使水准管气泡居中，读取竖直度盘读数，并根据前文所述的方法，求出其竖直角 $\alpha_{左}$。

（2）以盘右位置照准此目标，用同样方法求出其竖直角 $\alpha_{右}$。

（3）若 $\alpha_{左} \neq \alpha_{右}$，说明有指标差，应进行校正。

2. 校正方法

（1）计算出正确的竖直角 α：

$$\alpha = \alpha_{左} + \alpha_{右}$$

（2）仪器仍处于盘右位置不动，不改变望远镜所照准的目标，再根据正确的竖直角和竖直度盘刻划特点求出盘右位置时竖直度盘的正确读数值，并用竖盘指标水准管微动螺旋使竖盘指标对准正确读数值，这时，竖盘指标水准管气泡不再居中。

（3）用校正针拨动竖盘指标水准管上、下校正螺丝，使气泡居中，即消除了指标差，达到了校正的目的。

（七）对点器的检验和校正

目的：使对点器的视准轴经棱镜折射后与仪器的竖轴重合。

1. 检验方法

（1）对点器安装在基座上的仪器：将仪器水平放置在桌面上并固定（仪器基座距墙约 1.3 m），通过对点器照准墙上目标 a，转动基座 180°，再看十字丝是否与 a 点重合，若重合则条件满足，否则需要校正。

（2）对点器安装在照准部上的仪器：安置经纬仪于三脚架上，移动放置在三脚架中央地面上标有 a 点的白纸，使十字丝中心与 a 点重合，转动仪器 180°，再看十字丝中心是否与地面上的 a 点重合，若重合则条件满足，否则需要校正。

2. 校正方法

校正对点器目镜十字丝分划板：调节分划板校正螺丝，使十字丝退回偏离值的一半，即可达到校正的目的。

四、注意事项

（1）经纬仪检验与校正是很精细的工作，必须认真对待。

（2）在实训过程中及时填写实训报告，发现问题及时向指导教师汇报，不得自行处理。

（3）各项检验与校正顺序不能颠倒。在检验与校正过程中要同时填写实训报告。

（4）检验与校正完毕，要将各个校正螺丝拧紧，以防脱落。

（5）每项检验与校正都需重复进行，直到符合要求。

（6）校正后应再作一次检验，看其是否符合要求。

（7）检验与校正应在指导教师的指导下进行。

五、上交资料

每人上交实训报告（见表 2-10）一份。

表 2-10　实训报告

日期：　　　　　班级：　　　　　组别：　　　　　姓名：　　　　　学号：

<table>
<tr><td colspan="2">实训题目</td><td>DJ₂ 经纬仪的检验与校正</td><td>成绩</td><td></td></tr>
<tr><td colspan="2">实训目的</td><td colspan="3"></td></tr>
<tr><td colspan="2">主要仪器及工具</td><td colspan="3"></td></tr>
<tr><td rowspan="5">校正方法简述</td><td>水准管轴</td><td colspan="3"></td></tr>
<tr><td>十字丝纵丝</td><td colspan="3"></td></tr>
<tr><td>视准轴</td><td colspan="3"></td></tr>
<tr><td>横轴</td><td colspan="3"></td></tr>
<tr><td>指标差</td><td colspan="3"></td></tr>
<tr><td colspan="2">实训总结</td><td colspan="3"></td></tr>
</table>

工程测量实训指导书草稿纸

实训八　钢尺一般量距

一、目的与要求

(1)学会在地面上标定直线方向。

(2)学会用普通钢尺丈量距离。

二、仪器与工具

(1)由仪器室借领:DJ_2 经纬仪 1 台、钢尺 1 卷、测钎 1 束、木桩 3 个。

(2)自备:铅笔、小刀。

三、实训方法与步骤

(1)指导教师讲解本次实训的内容和方法。

(2)在实训场地上相距 60 ~ 80 m 的 A 点和 B 点各打 1 个木桩,作为直线端点桩,在木桩上钉小铁钉或画十字线作为点位标志,木桩高出地面约 2 m。

(3)进行直线定向,在起点安置经纬仪,瞄准终点以定线。

(4)丈量距离(见图 2-7):

①后尺手拿尺的末端站在 A 点后面,前尺手拿尺的零端,携测钎沿 $A—B$ 方向前进,走到约一整尺段时停止前进并立测钎,听从司镜手指挥,把测钎立在 AB 直线上,做好记号。

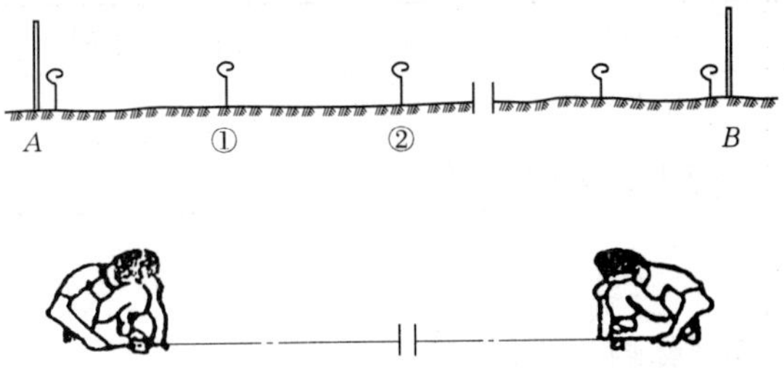

图 2-7　丈量距离示意图

②前、后尺手拿尺蹲下,后尺手把尺中点对准起点 A 的标志,喊"预备",前尺手把尺通过定线时所做的记号,两人同时把尺拉直,拉力大小适当,尺身要保持水平,当尺拉稳后,后尺手喊"好",这时前尺手对准尺的零点刻线,在地面竖直地插入一根测钎,如图 2-7 中的①点,插好后喊"好",这样就量完了一个整尺段。

③前、后尺手抬尺前进,当后手尺到达①点测钎后,重复上述操作,丈量第二整尺段,得到②点,量好后继续向前丈量,后尺手依次收回测钎,一根测钎代表一个整尺段。丈量到 B 点前的最后一段,由前尺手对零,后尺手读出该不足整尺段长度。

④计算总长度。至此完成了往测任务。

(5)用上述方法进行返测。取往返丈量的平均值作为这段距离的量测值,即 $D_{AB} = (D_{AB往} + D_{AB返})/2$。

(6)轮换工作再进行往返丈量。

(7)在记录表中进行成果整理和精度计算。直线丈量相对误差要小于 1/2 000。

(8)如果丈量成果超限,要分析原因并进行重量,直至符合要求。

(9)用钢尺一般量距的方法量取 AC 段的距离(方法同 AB 段)。

四、注意事项

(1)本次实训内容多,各组同学要互相帮助,以防出现事故。

(2)钢尺切勿扭折或在地上拖拉。用后要用油布擦净,然后卷入盒中。

(3)当地面倾斜时一定要注意保持钢尺水平。

五、上交资料

(1)每组上交合格的距离丈量记录表(见表2-11)一份。

表 2-11 距离丈量记录表

测段		整尺段(m)	零尺段(m)	总计(m)	平均值(m)	精度
AB 段	往测					
	返测					
AC 段	往测					
	返测					

(2)每人上交实训报告(见表2-12)一份。

表 2-12 实训报告

日期: 班级: 组别: 姓名: 学号:

实训题目	钢尺一般量距	成绩	
实训目的			
主要仪器及工具			
实训场地布置草图			
实训主要步骤			
实训总结			

工程测量实训指导书草稿纸

第二部分　道桥施工测量实训任务

实训一　导线测量

一、目的与要求

(1)掌握实地导线网的布设方法。

(2)熟练掌握导线测量外业工作方法。

(3)熟练掌握导线测量内业计算方法与步骤。

二、仪器与工具

(1)由仪器室借领:经纬仪1台、钢尺1把、木桩若干、斧子1把、水准尺1把。

(2)自备:计算器、铅笔、小刀、图纸、直尺。

三、实训方法与步骤

(一)导线测量基本概念

导线测量就是测量导线各边长和各转折角,然后根据已知数据和观测值计算出导线点坐标。

本次实训中导线布置形式采用闭合导线:闭合导线本身存在着严密的几何条件,具有检核作用。

导线测量的技术要求如下:

测距相对中误差:1/3 000;

测角中误差: $\pm 20''$;

导线全长相对中误差:1/2 000;

角度闭合差: $\pm\sqrt{60n\frac{1}{2}}''$。

(二)导线测量的外业工作和内业工作

1. 导线测量的外业工作

外业工作主要是布设导线,具体工作包括以下内容。

1)选点

进行现场踏勘,在测区内选择导线点,布设成闭合导线。该导线应能覆盖整个测区并利于碎部点的施测。

导线点的选择应遵循以下原则:

(1)相邻的导线点要互相通视,以便于测角和量距。

(2)点位应选在土质坚实处,以便于保存点的标志和安置仪器。

(3)点位选在视野开阔处,以便于碎步测量和施工放样。

(4)同一导线的边长应大致相等,因此不宜出现过长边长与过短边长的交替,各导线平均边长应符合规定。

(5)导线点应有足够的密度,分布较均匀,以便于控制整个测区。导线点选定后,进行统一编号,并埋设标志。

2)测角

测角即为测量已布设的闭合导线的转折角。要按导线点编号顺序方向前进。导线的转折角有左角、右角之分,但全线必须统一。角度测量采用测回法观测。

左角:在导线前进方向的左侧。

右角:在导线前进方向的右侧。

对于闭合导线,应测量闭合多边形的内角,且要符合技术要求。

3)量边

本项工作即测量导线各边长。测量方法:可用全站仪单向施测完成,也可用经检测过的钢尺往返丈量完成,但均要符合技术要求。

4)定向

为了控制导线的方向,在导线起、止已知控制点上,必须测定连接角,该项工作称为导线定向,其目的是把已知点的坐标系传递到导线上来,确定各导线点的坐标。本次实训中已知坐标方位角由指导教师给出。

2. 导线测量的内业工作

本项工作完成已测导线的内业计算。

闭合导线计算步骤如下。

1)在表中填入已知数据

将导线的点号、观测角、边长、坐标、坐标方位角等填入闭合导线坐标计算表中。

2)角度闭合差的计算与调整

(1)角度闭合差的计算:

闭合导线:

$$f_\beta = \sum\beta_{测} - \sum\beta_{理} = \sum\beta_{测} - (n-2)\times 180°$$

导线角度闭合差的容许值应符合:

$$f_{\beta容} = \pm\sqrt{60n\frac{1}{2}''}$$

若$f_\beta > f_{\beta容}$,则说明角度闭合差超限,应返工;若$f_\beta \leqslant f_{\beta容}$,则说明所测角度满足精度要求,可对角度闭合差进行调整。

(2)角度闭合差的调整:

闭合导线:

$$\nu_{\beta i} = -f_\beta/n$$

为作计算校核,角度改正数值和应满足下式:

$$\sum\nu_{\beta i} = -f_\beta$$

注意:若f_β不能均分,则将余数分配到短边的邻角上。

改正后的角值为

$$\beta_i = \beta_{i测} + \nu_{\beta i}$$

3)推算导线各边的坐标方位角

根据已知边的坐标方位角和改正后的角值按以下公式进行推算：

$$\alpha_{前} = \alpha_{后} - 180° + \beta_{左}$$

$$\alpha_{前} = \alpha_{后} + 180° - \beta_{右}$$

4)坐标增量计算

计算公式如下：

$$\Delta x_{12} = D_{12}\cos\alpha_{12}$$

$$\Delta y_{12} = D_{12}\sin\alpha_{12}$$

5)坐标增量闭合差的计算与调整

(1)闭合导线的坐标增量闭合差计算：

$$f_x = \sum \Delta x_{测}, \quad f_y = \sum \Delta y_{测}$$

导线全长闭合差计算：

$$f_D = \sqrt{f_x^2 + f_y^2}$$

导线全长相对中误差：

$$K = f_D / \sum D$$

导线全长相对闭合差的容许值 $K_{容} = 1/2\ 000$,若 $K \leqslant K_{容}$,则说明导线测量结果满足精度要求,可进行调整。

(2)坐标增量闭合差的调整：

$$v_{xi} = -f_x / \sum D \times D_i, \quad v_{yi} = -f_y / \sum D \times D_i$$

为作计算校核,坐标增量改正数值和应满足下式：

$$\sum v_{xi} = -f_x$$

$$\sum v_{yi} = -f_y$$

注意:在进行坐标增量闭合差的调整时,应将计算凑整残余的不符值分配在长边的坐标增量上。

改正后的坐标增量为

$$\Delta x_i = \Delta x_{i测} + v_{xi}, \quad \Delta y_i = \Delta y_{i测} + v_{yi}$$

6)导线点的坐标计算

计算公式如下：

$$x_2 = x_1 + \Delta x_{12}, \quad y_2 = y_1 + \Delta y_{12}$$

四、注意事项

(1)导线点应不易被破坏。

(2)内业计算应认真细致,注意步步有校核。

五、上交资料

(1)闭合导线边长、角度测量记录表(见表2-13～表2-16)。

(2)闭合导线坐标计算表(见表2-17、表2-18)。

(3)水准测量记录表(见表2-19)。

表 2-13　闭合导线边长测量记录表

日期：　　　　年　　月　　日　　　　　　　　　　仪器：　　　　　　　　　　气候：

导线边	往测距离(m)	返测距离(m)	平均距离(m)	相对误差

测量人：	记录人：	复核人：

工程测量实训指导书草稿纸

表 2-14　闭合导线角度测量(测回法)记录表(1)

日期：　　　年　　月　　日　　　　　　　　仪器：　　　　　　　　气候：

测站	盘位	目标	水平度盘读数 (° ′ ″)	水平角		备注
				半测回值 (° ′ ″)	一测回值 (° ′ ″)	
	盘左					
	盘右					
	盘左					
	盘右					
	盘左					
	盘右					
	盘左					
	盘右					
	盘左					
	盘右					

$\Delta\beta = \beta_{左} - \beta_{右} =$　　　　　　$\Delta\beta_{容} =$

测量人：　　　　　　记录人：　　　　　　复核人：

工程测量实训指导书草稿纸

表 2-15　闭合导线角度测量(测回法)记录表(2)

日期：　　　年　　月　　日　　　　　　　　　　仪器：　　　　　　　　　气候：

测站	盘位	目标	水平度盘读数 (°　′　″)	水平角		备注
				半测回值 (°　′　″)	一测回值 (°　′　″)	
	盘左					
	盘右					
	盘左					
	盘右					
	盘左					
	盘右					
	盘左					
	盘右					
	盘左					
	盘右					

$\Delta\beta = \beta_{左} - \beta_{右} =$　　　　　　　　$\Delta\beta_{容} =$

测量人：　　　　　　记录人：　　　　　　复核人：

工程测量实训指导书草稿纸

表 2-16　闭合导线角度测量(测回法)记录表(3)

日期：　　　年　　月　　日　　　　　　　　仪器：　　　　　　　　　气候：

测站	盘位	目标	水平度盘读数 (° ′ ″)	水平角		备注
				半测回值 (° ′ ″)	一测回值 (° ′ ″)	
	盘左					
	盘右					
	盘左					
	盘右					
	盘左					
	盘右					
	盘左					
	盘右					
	盘左					
	盘右					

$\Delta\beta = \beta_{左} - \beta_{右} =$　　　　　　$\Delta\beta_{容} =$

测量人：　　　　记录人：　　　　复核人：

工程测量实训指导书草稿纸

表 2-17　闭合导线坐标计算表(1)

日期：　　　　年　　月　　日　　　　　　　　仪器：　　　　　　　　气候：

点号	观测角 (° ′ ″)	改正数	改正后角值 (° ′ ″)	坐标方位角 (° ′ ″)	边长 (m)	坐标增量		改正后坐标增量		坐标	
						Δx	Δy	$\Delta x'$	$\Delta y'$	x	y
1	2	3	4	5	6	7	8	9	10	11	12

测量人：　　　　　　　　记录人：　　　　　　　　复核人：

表 2-18　闭合导线坐标计算表(2)

日期：　　　　年　　　月　　　日　　　　　　　　　仪器：　　　　　　　　气候：

点号	观测角 (°　′　″)	改正数	改正后角值 (°　′　″)	坐标方位角 (°　′　″)	边长 (m)	坐标增量		改正后坐标增量		坐标	
						Δx	Δy	$\Delta x'$	$\Delta y'$	x	y
1	2	3	4	5	6	7	8	9	10	11	12

测量人：　　　　　　　　　记录人：　　　　　　　　　复核人：

工程测量实训指导书草稿纸

表 2-19　水准测量记录表

（本项实训即测定控制点高程，采用的方法是水准测量）

桩号：　　　　仪器：　　　　日期：　　　年　　月　　日　　　　气候：

点号	后视读数（m）	前视读数（m）	高差（m）		改正数（mm）	改正后高差（m）	高程（m）
			+	－			

$f_h =$	$f_{h容} =$	$V_i =$
测量人：	记录人：	复核人：

工程测量实训指导书草稿纸

实训二　地形图测绘

一、目的与要求

(1)熟悉经纬仪测绘法测图的操作要领。

(2)掌握 CAD 绘图的基本方法。

二、仪器与工具

(1)由仪器室借领:经纬仪 1 台、水准尺 1 把、花杆 1 根。

(2)自备:计算器、铅笔、橡皮、小刀、图纸、分规。

三、实训方法与步骤

(1)在选定的测站上安置经纬仪,量取仪器高。

(2)选择好起始方向,将经纬仪盘左照准起始方向,水平度盘设置成 0°00′00″。

(3)用经纬仪望远镜的十字丝中丝照准所测地形点视距尺上的“便利高”分划处的标志,读取水平角、竖盘读数(计算出竖直角)及视距间隔,算出视距,并用视距和竖直角计算高差和平距,同时根据测站点的假定高程计算出此地形点的高程。

视距测量公式如下:

①视线水平时:

视距公式 $$D = Kn$$

高差公式 $$h_{AB} = i - v$$

②视线倾斜时:

视距公式 $$D = Kn\cos 2\alpha$$

高差公式 $$h_{AB} = D\tan\alpha + i + v$$

(4)绘图人员先确定好起始方向,然后用量角器从起始方向量取水平角,定出方向线,在此方向线上依测图比例尺量取平距,所得点位就是地形点在草图上的点,然后在点的右旁标注其高程。

(5)用同样的方法,可将其他地形点测绘到草图上,并描绘出地物轮廓线或等高线。

(6)人员分工是 1 人观测、1 人绘图、1 人记录和计算、1 人跑尺,每人测绘数点后,再交换工作。

(7)根据草图,利用 CAD 绘图。

四、注意事项

(1)起始方向选好后,经纬仪在此方向上要严格设置成零方向。观测期间要经常检查,发现问题及时纠正或重测。

(2)在读竖盘读数时,要使竖盘指标水准管气泡居中并应注意修正,以避免竖盘指标差对竖直角的影响。

(3)记录、计算要迅速准确,保证无误。

(4)仪器和工具比较多，要各负其责，既不出现仪器事故，又不丢失测图工具。

(5)测点高程采用假定高程，碎部点均采用“便利高”法观测。

(6)跑尺者与观测者要按预先约定好的手势进行作业。

五、上交资料

(1)每人上交经纬仪测绘法测图记录表(见表2-20)一份。

(2)每组上交所测区域CAD图纸一张。

表2-20　经纬仪测绘法测图记录表

日期：　　班级：　　组别：　　姓名：　　学号：

碎部点	视距间隔 n (m)	中丝读数 τ (m)	竖盘 读数 (°　′)	竖直 角值 (°　′)	高差 h (m)	水平角度 β (°　′)	水平距离 D (m)	高程 H (m)	备注
测站：		后视点：			仪器高：		测站高程：		

工程测量实训指导书草稿纸

实训三　线路纵断面及横断面测设

一、目的与要求

(1)掌握水准仪、经纬仪在线路复测阶段的具体应用。

(2)熟练掌握线路复测的方法。

(3)熟练掌握工程控制点护桩的布设方法。

二、仪器与工具

(1)由仪器室借领:经纬仪1台、水准仪1台、钢尺1把、测钎1束。

(2)自备:计算器、铅笔、小刀。

三、实训方法与步骤

(一)中线复测

中线复测是指根据设计图纸给定的线路控制点的里程、线路转向角进行线路中线的角度测量、距离测量,使之与设计相符。

(1)根据设计资料整理出线路各控制点的里程、线路转向角,计算出各控制点间的距离。

(2)进行现场踏勘,在现场找到各控制桩的位置。

(3)依次在各控制点(*JD*)上安置经纬仪,瞄准前一个和后一个控制点,采用测回法测量其角度,然后计算线路的转向角($\alpha = 180° - \beta$),并注明是左偏或右偏,完成转向角复测(见图2-8)。

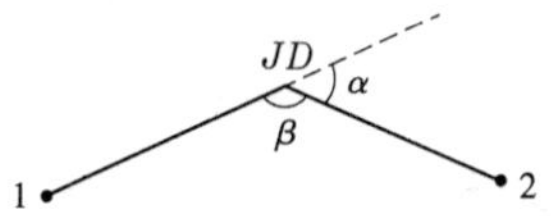

图2-8　中线复测示意图

(4)依次在各控制桩上安置经纬仪,照准下一控制点,然后在此视线方向上进行钢尺量距,往返测量出两控制点间的水平距离,计算出各控制点的里程。之后与设计资料相比较,如有必要可作适当的改正。

(二)水准复测

(1)进行现场踏勘,在现场找到已知水准点及各个控制桩的位置。

(2)布设一条闭合水准路线,使已知水准点和各控制点位于该路线上。

(3)由已知水准点出发,对该闭合水准路线进行水准测量。

(4)进行水准内业计算,得出各控制点的高程。

(5)将测量所得各控制点高程与设计资料相比较,如有必要可作相应改正。

（三）护桩设置

（1）在各个控制桩附近选择护桩的大致位置，根据护桩选点要求，定出 A、B 护桩位置，如图 2-9 所示。

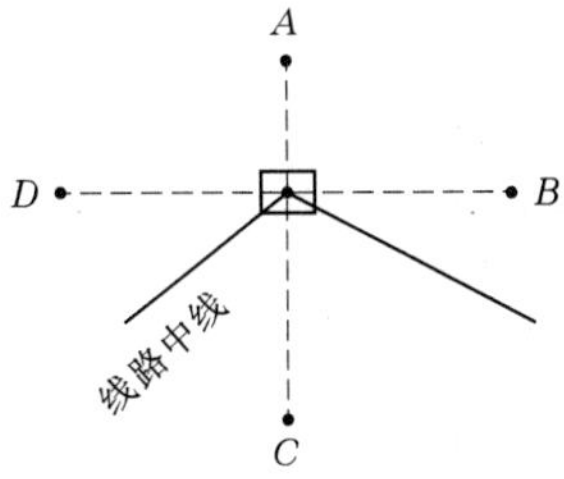

图 2-9　护桩设置示意图

护桩选点原则：地层稳固、施工中不易被破坏；护桩和交点桩之间应通视，并在此方向上便于埋点；两条交点桩连线宜正交，在困难条件下也不得小于 60°。

（2）将经纬仪安置在控制点上，照准 A 点，水平转动照准部 180°，在此视线方向上的适当位置打桩并在上面钉一小钉以确定 C 点。

（3）按上述步骤照准 B 点，水平转动照准部 180°，在此视线方向上的适当位置打桩并在上面钉一小钉以确定 D 点。

（4）若施工中控制点被破坏，可用 AC 和 BD 连线的交点（即控制桩位置）进行恢复。

四、注意事项

（1）在复测过程中若发现中线控制桩移位，应予以恢复。

（2）在距离测量中，若地面倾斜、坡度较大，应采用台阶丈量法等技术手段来保证测量值为水平距离。

（3）在水准复测过程中，应尽量保证前、后视等距来消除仪器 i 角误差。

（4）护桩的埋设位置应考虑尽量做到不影响将来施工及施工中不被破坏。

（5）护桩的设置还可用距离交会法等其他方法布设，如图 2-10 所示。

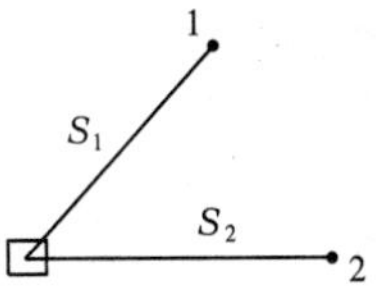

图 2-10　距离交会法示意图

五、上交资料

每人上交距离测量记录表、角度测量记录表、水准测量记录表（见表 2-21 ~ 表 2-23）各一份。

表 2-21　线路中线距离测量记录表

日期：　　　　班级：　　　　　　组别：　　　　姓名：　　　　　学号：

桩位	往测距离（m）	返测距离（m）	平均距离（m）	相对误差

测量人：	记录人：	复核人：

工程测量实训指导书草稿纸

表 2-22　线路中线角度测量记录表

日期：　　　　班级：　　　　组别：　　　　姓名：　　　　学号：

测站	盘位	目标	水平度盘读数 (°　′　″)	水平角 半测回值 (°　′　″)	水平角 一测回值 (°　′　″)	备注
	盘左					
	盘右					
	盘左					
	盘右					
	盘左					
	盘右					
	盘左					
	盘右					
	盘左					
	盘右					
$\Delta\beta = \beta_{左} - \beta_{右} =$				$\Delta\beta_{容} =$		
测量人：			记录人：		复核人：	

工程测量实训指导书草稿纸

表 2-23　线路中线水准测量记录表

仪器型号：　　　　　　　日期：　　　　　　班级：　　　　　　观测：

工程名称：　　　　　　　天气：　　　　　　组别：　　　　　　记录：

点号	后视读数（m）	前视读数（m）	高差（m）		改正数（mm）	改正后高差（m）	高程（m）
			+	−			

工程测量实训指导书草稿纸

实训四　圆曲线测设(加缓和曲线)

一、目的与要求

(1)掌握曲线主点里程的计算方法。

(2)曲线主点的测设方法。

(3)掌握偏角法测设曲线数据的计算及测设方法。

二、仪器与工具

(1)由仪器室借领:经纬仪1台、钢尺1把、测钎1束、花杆2根、木桩若干、斧子1把。

(2)自备:计算器、铅笔、小刀。

三、实训方法与步骤

(一)内业资料计算

根据给定的α、R、L_0、P、m等,计算出曲线要素。

$$T = (R + P)\tan\alpha/2 + m$$

$$L = L_0 + 210$$

$$E_0 = (R + P)\sec\alpha/2 - R$$

$$q = 2T - L$$

$$X_0 = 10 - 103/40R$$

$$Y_0 = 102/6R$$

(二)主点测设

(1)在交点JD_2安置经纬仪。

(2)瞄准JD_1,自JD_2沿$JD_2 \to JD_1$方向量切线长T_n得ZH点。

(3)瞄准JD_2,自JD_2沿$JD_2 \to JD_3$方向量切线长T_n得HZ点。

(4)瞄准JD_1,拨角$(180° - \alpha)/2$,沿此方向量取外矢距E得QZ点。

(5)HY点:以直缓点(ZH)为原点,沿切线方向量取X_0,沿切线垂直方向量取Y_0。

(6)YH点:以缓直点(HZ)为原点,沿切线方向量取X_0,沿切线垂直方向量取Y_0。

(三)详细测设

1. 测设ZH—HY段

(1)在ZH点安置经纬仪,以$ZH \to JD_2$方向为起始方向,将该方向的水平度盘读数设置为0°00′00″。

(2)拨P_1对应的偏角Δ_1,即转动照准部找到P_1对应的水平度盘读数Δ_1或$360° - \Delta_1$,得$ZH \to P_1$方向,自ZH沿此方向量$ZH \to P_1$对应的弦长得P_1桩位,钉木桩或用测钎标记。

(3)转动照准部找到P_2对应的水平度盘读数Δ_2或$360° - \Delta_2$,得$ZH \to P_2$方向,自P_1点量P_1P_2对应的弦长与此方向交会得P_2桩位,钉木桩或用测钎标记。

(4)按步骤(3)所述方法测设 $ZH—HY$ 段其余各中桩。

(5)转动照准部找到 HY 对应的水平度盘读数 Δ_h 或 $360° - \Delta_h$，得 $ZH \rightarrow HY$ 方向，沿此方向量 l_s 即得 HY 点。

(6)丈量 HY 与前一中桩之间的弦长进行校核，若误差超限，则应重测 $ZH—HY$ 段。

2. 测设 $HZ—YH$ 段

方法与测设 $ZH—HY$ 段类同(在 HZ 点安置经纬仪，将 $HZ \rightarrow JD_2$ 方向的水平度盘读数设置为 $0°00'00''$，P_n 方向的水平度盘读数应为 Δ_{n0} 或 $360° - \Delta_{n0}$)。

3. 测设 $HY—YH$ 段

(1)在 HY 点安置经纬仪，以 $HY \rightarrow ZH$ 方向为起始方向，将该方向的水平度盘读数设置为 $180° - \frac{2}{3}\beta_0$ 或 $180° + \frac{2}{3}\beta_0$。此时，水平度盘读数为 $0°00'00''$ 的方向即为 HY 点的切线方向。

(2)拨 P_1 对应的偏角 Δ_1，即转动照准部找到 P_1 对应的水平度盘读数 Δ_1 或 $360° - \Delta_1$，得 $ZH \rightarrow P_1$ 方向，自 ZH 沿此方向量 $ZH \rightarrow P_1$ 对应的弦长，得 P_1 桩位，钉木桩或用测钎标记。

(3)转动照准部找到 P_2 对应的水平度盘读数 Δ_2 或 $360° - \Delta_2$，得 $ZH \rightarrow P_2$ 方向，自 P_1 点量 P_1P_2 对应的弦长与此方向交会得 P_2 桩位，钉木桩或用测钎标记。

(4)按步骤(3)所述方法测设 $HY—QZ$ 段其余各桩并测出 QZ，与用主点测设方法测出的 QZ 位置比较，若误差超限，应重测 $HY—QZ$ 段。

(5)按步骤(3)所述方法测设至 YH 点，并与已测出的 YH 位置比较，若误差超限，应重测 $QZ—YH$ 段。

(四)校核

目测所测平曲线是否顺适，并丈量弦长进行校核。

(五)绘图

绘制测设曲线草图。

四、注意事项

(1)计算测设数据时要细心。曲线元素经复核无误后才可计算桩号，主点桩号经复核无误后才可计算各桩的测设数据，各桩的测设数据经复核无误后才可进行测设。

(2)曲线加桩的测设是在主点桩测设的基础上进行的，因此测设主点桩要十分细心。

(3)在丈量切线长、外矢距、弦长时，尺身要水平。

(4)设置起始方向的水平度盘读数要细心。

(5)应在实训前计算好测设曲线所需的数据，不能在实训中边算边测，以防时间不够或出错。

五、上交资料

曲线测设(偏角法)记录表(见表2-24、表2-25)。

表 2-24　曲线测设(偏角法)记录表(1)

日期:　　　年　　月　　日　　　　　　　　　　仪器:　　　　　　　　　　气候:

里程	曲线长	偏角	注记

测量人:	记录人:	复核人:

注:注意正(反)拨及最后校核。

工程测量实训指导书草稿纸

表 2-25　曲线测设(偏角法)记录表(2)

日期：　　年　　月　　日　　　　　　　　仪器：　　　　　　　　气候：

里程	曲线长	偏角	注记

测量人：	记录人：	复核人：

注：注意正(反)拨及最后校核。

工程测量实训指导书草稿纸

实训五　线路中桩加密

线路中桩在施工过程中应予以加密，曲线部分在测设过程中已经达到加密的要求，故本次实训中只对直线进行加密，要求 20 m 一个加密桩。

一、目的与要求

(1)进一步熟练掌握经纬仪定线、钢尺量距的技术操作。

(2)熟练掌握线路中桩加密的方法。

二、仪器与工具

(1)由仪器室借领：经纬仪 1 台、测钎 1 束、钢尺 1 把、花杆 1 根、木桩若干、斧子 1 把。

(2)自备：铅笔、小刀、草稿纸。

三、实训方法与步骤

(1)在控制桩 1 点上安置经纬仪(见图 2-11)。

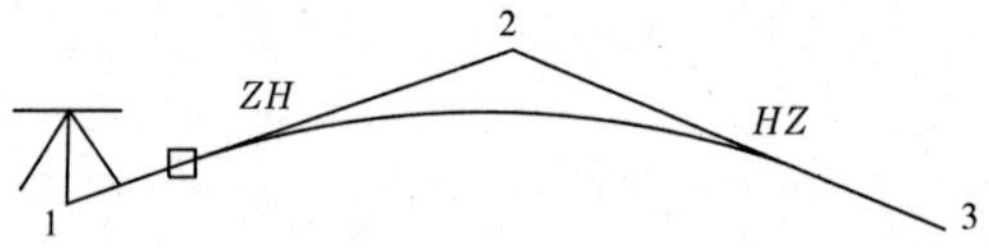

图 2-11　线路中桩加密示意图

(2)瞄准前一控制点，在此视线方向上进行量距工作。

(3)在视线方向上从控制桩开始量取第一个 20 m 整桩距离，钉桩，打点，完成第一个加密桩工作。

(4)依次向下进行，完成该段直线(1 点→*ZH* 点)上各加密桩的工作。

四、注意事项

(1)注意加密桩应为 20 m 整桩位。

(2)注意曲线的另一侧应从控制桩向 *HZ* 点方向加密，同样也是 20 m 整桩加密，需要向回推算里程。

(3)现场还应根据地面坡度变化点设置加桩。

五、上交资料

由指导教师现场检查加密桩的测设完成情况。

实训六 线路中平测量

一、目的与要求

(1)熟悉中平测量的方法。

(2)学会中平测量的记录及成果计算。

二、仪器与工具

(1)由仪器室借领:水准仪 1 台、水准尺 2 把、尺垫 2 个、钢尺 1 把、测钎 1 束、花杆 3 根、木桩若干。

(2)自备:计算器、铅笔、小刀。

三、实训方法与步骤

(1)选择长约 500 m 的起伏线路,在线路起点和终点附近分别选定一个水准点 BM_1、BM_2,假定水准点 BM_1 的高程,用基平测量的方法测定两水准点间的高差并计算 BM_2 的高程(此项工作可利用相关实训的成果或在实训前由指导教师组织部分学生进行)。

(2)按 20 m 的桩距设置中桩,在桩位处钉木桩或插测钎,并标注桩号(若时间较紧,此项工作也可在实训前由指导教师组织部分学生进行)。

(3)在测段起点附近的水准点 BM_1 上竖立水准尺,统筹考虑整个测设过程,选定前视转点 ZD_1 并竖立水准尺。

(4)如图 2-12 所示,在距 BM_1、ZD_1 大致等远的地方安置经纬仪,先读取后视点 BM_1 上水准尺的读数并记入后视栏;再读取前视点 ZD_1 上水准尺的读数,将此读数暂记入备注栏中适当的位置以防忘记;依次在本站各中桩处的地面上竖立水准尺并读数(一般可读至 cm),将各读数记入中视栏;最后记录前视点 ZD_1 并将 ZD_1 的读数记入前视栏。

(5)选定 ZD_2 并竖立水准尺,在距 ZD_1、ZD_2 大致相等的地方安置经纬仪,先读取后视点 ZD_1 上水准尺的读数并记入后视栏;再读取前视点 ZD_2 上水准尺的读数,将此读数暂记入备注栏中适当的位置以防忘记;依次在本站各中桩处的地面上竖立水准尺并读数(一般可读至 cm),将各读数记入中视栏;最后记录前视点 ZD_2 并将 ZD_2 的读数记入前视栏。

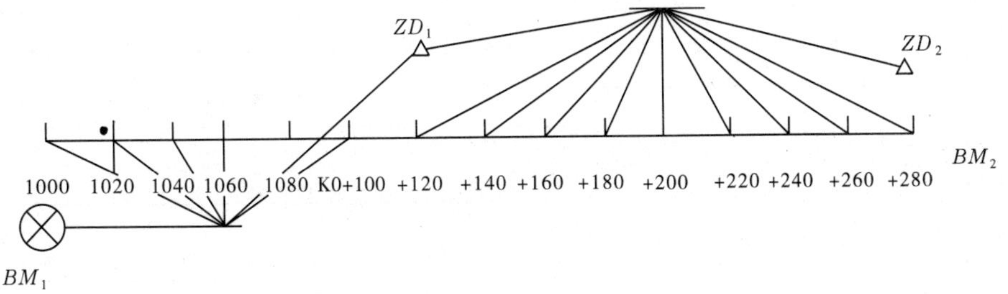

图 2-12 线路中平测量示意图

(6)用上法观测所有中桩并测至线路终点附近的水准点 BM_2。

(7)计算中平测量测出的两水准点间的高差，并与两水准点间的已知高差进行比较，看是否满足精度要求：

$$h_{中} = 后视读数 - 前视读数$$

(8)计算各中桩的地面高程：

$$视线高程 = 后视点高程 - 后视读数$$

$$前视点高程 = 视线高程 - 前视读数$$

$$中桩地面高程 = 视线高程 - 中视读数$$

四、注意事项

(1)在各中桩处立尺时，水准尺不能放在桩顶，而应紧靠木桩放在地面上。

(2)转点应选在坚实、凸起的地点或稳固的桩顶，当选在一般的地面上时应放置尺垫。

(3)前、后视读数须读至 mm，中视读数一般可读至 cm。

(4)转点和测站点的选择要统筹考虑，不能顾此失彼。

(5)视线长一般不宜大于 100 m。

(6)中平与基平符合时，容许闭合差 $f_{h容} = \pm 50L_1/2$，L_1 为两水准点间的水准路线长度(以 km 为单位)。

五、上交资料

线路中平测量记录表(见表 2-26 ~ 表 2-28)。

表 2-26　线路中平测量记录表(1)

桩号：　　　　仪器：　　　　日期：　　年　　月　　日　　　　气候：

点号	后视读数(m)	中视读数(m)	前视读数(m)	高差(m)		改正数(mm)	改正后高差(m)	高程(m)
				+	−			

续表 2-26

点号	后视读数(m)	中视读数(m)	前视读数(m)	高差(m)		改正数(mm)	改正后高差(m)	高程(m)
				+	−			

f_h =	$f_{h容}$ =	V_i =
测量人：	记录人：	复核人：

工程测量实训指导书草稿纸

表 2-27　线路中平测量记录表(2)

桩号：　　　　仪器：　　　　日期：　　　年　　月　　日　　　　气候：

点号	后视读数(m)	中视读数(m)	前视读数(m)	高差(m) +	高差(m) −	改正数(mm)	改正后高差(m)	高程(m)
f_h =			$f_{h容}$ =			V_i =		
测量人：			记录人：			复核人：		

工程测量实训指导书草稿纸

表 2-28　线路中平测量记录表(3)

桩号：　　　　　仪器：　　　　　　　日期：　　　　年　　月　　日　　　　　　气候：

点号	后视读数（m）	中视读数（m）	前视读数（m）	高差（m）		改正数（mm）	改正后高差（m）	高程（m）
				+	−			
f_h =			$f_{h容}$ =			V_i =		
测量人：			记录人：			复核人：		

工程测量实训指导书草稿纸

实训七　绘制纵断面图，确定填方段、挖方段

一、目的与要求

(1)根据所测资料绘制纵断面图。
(2)熟悉线路设计标高及设计坡度的测设方法。

二、仪器与工具

自备：铅笔、橡皮、小刀、计算器、草稿纸、图纸、直尺。

三、实训方法与步骤

(1)在米格纸上建立平面直角坐标系。纵断面图应能反映地面变化情况，在施工过程中真实可用。纵坐标与横坐标的比例尺一般分别采用1∶200、1∶2 000。

(2)在里程栏填写线路的里程，沿着线路的前进方向连续标出百米桩，以及平曲线的主点里程点，20 m 桩等加密点也要标出位置。

(3)在地面高程栏填写地面标高，将步骤(2)中各点的原始地面高程按纵向比例尺标在坐标系上，并将各点用折线相连(将地面标高标在相应栏内，对应里程和加桩的位置)。

(4)在设计高程栏填写路肩设计标高，由线路设计坡度和里程计算得出(本次实训中由指导教师根据测量资料给出)。

(5)在地质特征栏中填写土壤类型，根据当地地质情况进行描述。

(6)在线路平面图栏中画出表示线路平面形状的平面图，其中中央实线表示路中线，曲线用上凸下凹的中心线表示，上凸为右转，下凹为左转，斜线为缓和曲线，直线为圆曲线。

四、注意事项

(1)在绘图之前考虑图幅的布置，保证图面饱满。
(2)要保持图纸清洁，尽量少画无用的线条。
(3)图上应标出桥梁、涵洞的位置。
(4)在图中应标明曲线资料。

五、上交资料

线路纵断面图。

实训八　横断面测量

一、目的与要求

(1)掌握横断面测量的基本方法。
(2)根据测量成果绘制横断面图。

二、仪器与工具

(1)由仪器室借领:经纬仪1台、水准尺1把、花杆1根。

(2)自备:计算器、铅笔、小刀。

三、实训方法与步骤

(1)依次将经纬仪安置在线路中线上。

(2)瞄准中线上一点,拨90°,得出线路及法线方向,即横断面方向。

(3)用视距法测出横断面方向上各地面变坡点至中桩的水平距离与高差。

(4)绘制横断面图,以中桩为原点,沿断面方向分左、右侧,根据测点的高差和距离确定测点位置,连接相邻测点,绘出地面线。

四、注意事项

(1)地形特征点处应加桩测横断面。

(2)在曲线段应注意横断面方向的确定。

五、上交资料

(1)横断面测量记录表(见表2-29)。

(2)横断面图。

表2-29 横断面测量记录表

日期:　　　年　　月　　日　　　　　　　　　　仪器:　　　　　　　　　　　　气候:

左侧	桩号	右侧

续表 2-29

左侧	桩号	右侧
测量人：	记录人：	复核人：

工程测量实训指导书草稿纸

实训九　边桩放样

一、目的与要求

(1)掌握路基放样测量的基本方法。
(2)根据给定资料测设边桩。

二、仪器与工具

(1)由仪器室借领:经纬仪 1 台、钢尺 1 把、测钎 1 组、花杆 1 根。
(2)自备:计算器、铅笔、小刀、草稿纸。

三、实训方法与步骤

(1)根据横断面图计算出边桩与中桩的平距。
(2)在中桩安置经纬仪,瞄准线路方向,水平转动 90°,确定线路中线的法线方向。
(3)沿此法线方向量出平距即可确定边桩位置。
(4)将各边桩连线即为路基边桩线。

四、注意事项

(1)在起伏不平的地面上应保证所测距离为平距。
(2)在曲线段应注意线路中线法线方向的确定。

五、上交资料

由指导教师现场检查边桩测设情况。

附录　道路线路施工测量工作任务设计（学生用）

班级：　　　　　　组别：　　　　　　姓名：　　　　　　指导教师：

<table>
<tr><td>学习领域</td><td colspan="3">道路线路施工测量</td></tr>
<tr><td>学习情境</td><td>中线测量及断面测量</td><td>工作时间</td><td>2周</td></tr>
<tr><td>工作任务</td><td>直线测量</td><td>教学方法</td><td>项目教学</td></tr>
<tr><td>工作任务描述</td><td colspan="3">道路线路是由直线、圆曲线、缓和曲线组成的，直线是线路中最简单的一种线形，测设方法有置镜在直线上测设，以及置镜在导线点上，根据直线上的坐标测设。本工作任务主要是求直线上测设点的坐标和利用测量仪器测设直线</td></tr>
<tr><td>使用工具</td><td colspan="3">全站仪、对中杆、计算器、经纬仪、木桩、钢尺</td></tr>
<tr><td>工作地点</td><td colspan="3">现代测绘技术多媒体教室、道路施工测量综合实训场</td></tr>
<tr><td>学习目标</td><td colspan="3">通过虚拟项目教学使学生学会线路直线测量的程序、内容及实施方法</td></tr>
<tr><td>资料</td><td colspan="3">《工程测量规范》
《模拟高速公路、高速铁路设计文件》
《控制测量成果表》</td></tr>
<tr><td>决策</td><td colspan="3">确定全站仪、经纬仪的型号及精度；
准备直线测量必备的工具及附属材料、记录表、计算工具；
确定直线测量的方法</td></tr>
<tr><td>计划</td><td colspan="3">制订线路直线测量计划；
确定测量方法、限差要求，进行测量人员分工；
测量仪器检校</td></tr>
<tr><td>实施</td><td colspan="3">测量前准备（借领全站仪、棱镜、三脚架、基座、对讲机、经纬仪、木桩）；
测量仪器使用与维护；
直线测量的步骤和要求，测量过程精度的监测；
填写有关记录表</td></tr>
<tr><td>检查</td><td colspan="3">全站仪、经纬仪检测；
中线偏位检核；
编写直线测量报告</td></tr>
<tr><td rowspan="4">考核标准</td><td>成果评定</td><td colspan="2">根据学生测量成果的精度评定成绩，占50%</td></tr>
<tr><td>学生自评</td><td colspan="2">学生根据自己在项目实施过程中的作用及表现进行自评，占10%</td></tr>
<tr><td>小组互评</td><td colspan="2">根据工作表现、发挥的作用、协作精神等小组成员进行互评，占15%</td></tr>
<tr><td>教师评价</td><td colspan="2">根据考勤、学习态度、吃苦精神、协作精神、职业道德等进行评定；
根据项目实施过程中的每个环节及结果进行评定；
根据实训报告质量进行评定；
综合以上评价，占25%</td></tr>
</table>

参 考 文 献

[1] 张保成. 测量学[M]. 北京:人民交通出版社,1997.

[2] 钟孝顺,聂让. 测量学[M]. 北京:人民交通出版社,1997.

[3] 聂让,等. 测量学[M]. 北京:中国科学技术出版社,2004.

[4] 李仕东. 工程测量[M]. 2 版. 北京:人民交通出版社,2005.

[5] 郑庆生. 建筑工程测量[M]. 北京:中国建筑工业出版社,2000.

[6] 胡伍生,潘庆林,黄腾. 土木工程施工测量手册[M]. 北京:人民交通出版社,2005.

[7] 陆国胜. 测量学[M]. 3 版. 北京:测绘出版社,1991.

[8] 曹智翔,等. 交通土建工程测量[M]. 成都:西南交通大学出版社,2004.